1 L'origine de l'art de la p

2 Recueil p.^r les vernis
de diverses façons avec les
champs par le verre.
Le Fevre operateur pour les
Dents.

V. 2648.

9077.

L'ORIGINE

DE

L'ART

DE LA

PEINTURE

SUR VERRE;

ET LA CREATION

DES VERRERIES, ET

COMMUNAUTE'

DES MAISTRES VITRIERS

DE LA

VILLE DE PARIS.

A PARIS.

M. DC. XCIII.

M

Comme je sçait que quantité de personnes sont dans le doute & l'incertitude de sçavoir en quel temps on a inventé le bel Art de faire du Verre, & la maniere de faire des Couleurs pour Peindre dessus; & estoient encore en doute en quel temps & sous quels Rois les Verreries ont esté creées, ainsi que la Création en Communauté de Messieurs les Maistres Vitriers de la Ville de Paris : C'est ce qui m'a obligé à m'appliquer, autant qu'il m'a esté possible, à en faire une recherche exacte, pour satisfaire les esprits curieux de ce bel Art & Science. Si vous voulez vous donner la peine de lire ce petit Discours, vous y trouverez de belles curiositez touchant la maniere de faire les Couleurs, & la façon de les appliquer pour Peindre deſſus le Verre ; Vous y trouverez encore l'Origine du Verre & des Verreries, ainſi que celle de la Communauté de Meſſieurs les Maiſtres Vitriers de la Ville de Paris. Je ne doute pas que quelques-uns pouront trouver à redire, ſi j'entreprend de parler d'un Art qui ſupaſſe infiniment les forces de mon eſprit ; mais je me perſuade auſſi qu'ils m'excuſeront, lors qu'ils ſçauront que les principaux motifs pour leſquels je me ſuis hazardé

d'écrire ce petit Discours,
n'a esté fait que dans
la veuë d'ôter le doute &
l'incertitude de ceux qui y
ont esté cy-devant, & de
me dire, en mesme temps,
que je suis, avec respect,

M

Vôtre tres-humble &
obeïssant Serviteur,

M. C.

Oraison à Saint Marc.

GLORIEUX SAINT MARC, qui avez esté choisi de DIEU pour prêcher & annoncer aux Fidels les Lumieres &

Veritez de son Evangille: Nous vous supplions d'employer vôtre crédit & intercession, afin de nous obtenir de sa misericorde la grace de vous imiter en voftre ardeur, zele & fidelité, & que vous ayant pour Patron & Protecteur, nous puissions á jamais glorifier son Saint Nom. Ainsi soit-il.

L'ORIGINE
DE L'ART
DE LA PEINTURE

Sur Verre ; Et la Création des Verreries, & Communauté des Maistres Vitriers, faite par les Rois Philippes VI. en 1330. & Louis XI. en 1467. & depuis confirmée par Henry III. & Louis XIV. à present regnant.

QUOY que l'invention du Verre soit tres-ancienne, & qu'il y ait long-temps qu'on en

fait de tres-beaux Ouvrages,
l'Art neanmoins de l'employer
aux vitres n'est venu que long-
temps après, & on peut le confi-
derer comme une invention des
derniers Siecles. Il est vray que
du temps de Pompée Marcus
Sçavions, en l'an 163. il fit
faire du Verre, une partie de la
Scene, pour ce Theatre si ma-
gnifique, qui fût élevé dans
Rome pour le divertissement du
Pauple; Cependant il n'y avoit
point alors de vitres aux fenestres
des bastimens. Si les plus Grands
Seigneurs & les personnes les
plus riches vouloient avoir des
lieux bien clos, comme doivent
estre les bains, les étuves & quel.
ques autres endroits dans lesquels
sans estre incommodez du froid
& du vent, la lumiere peut entrer, l'on fermoit les ouvertures
avec des pierres transparentes,

telles qne font les Agathes, l'Albatre, & d'autres Marbres délicatement travaillez. Mais enfuite ayant reconnu l'utilité du Verre pour un tel ufage, l'on s'en eft fervy au lieu de ces fortes de Pierres, faifant d'abord de petites pieces rondes, comme celles qu'on appelle Cibles, qui fe faifoient en ce temps - là en Gaftine fur la Loire, par le Sieur Deftourville, dont il y a encore prefentement de fes defcendans, qui fe voyent en certains endroits, lefquelles on affembloit avec des morceaux de plomb, refendus au rabot des deux coftez, pour empécher que le vent ny l'eau ne puffent paffer. Voilà de quelle maniere les premieres vitres de verre blanc ont efté faites.

Or comme l'on faifoit dans les Fourneaux des Verriers du verre de plufieurs couleurs, on s'avifa

d'en prendre quelques morceaux
pour mettre aux feneftres , les ar-
rangeant par compartimens, comme de la Mofaïque : Ce qui fût
l'origine de la Peinture qu'on a
faite enfuite fur les vitres; Car
voyant que cela faifoit un affé bel
effet , l'on ne fe contenta pas de
cet affemblage de diverfes pieces
coloriées ; mais on voulu reprefen-
ter toutes fortes de Figutes , & des
Hiftoires entieres , ce que l'on
fit d'abord fur le verre blanc , fe
fervant de couleurs détrempées
avec la colle , comme pour peindre à détrempe. Et parce que l'on
connût bien-toft qu'elles ne pou-
voient pas refifter long-temps à
l'injure de l'air , l'on chercha d'autres couleurs, qui aprés avoir efté
couchées fur le verre blanc , &
mefme fur celuy qui avoit efté déjà
colorié dans les Verreries , puffent fe parfondre & s'incorporer

avec le même verre, en le mettant
au feu ; en quoy on y réuſſit ſi heu-
reuſement , qu'on en voit des mar-
ques par la beauté de nos anciennes Vitres.

Quand les Ouvriers vouloient
faire des Vitres , dont les couleurs
fuſſent tres-belles, ils ſe ſervoient
de ce Verre qui avoit eſté colorié
dans les Verreries , pour faire les
draperies des Figures , & en mar-
quoient ſeulement les ombres avec
des traits & hachures noires, & pour
les carnations, ils choiſiſſoient du
Verre dont la couleur fuſt d'un
rouge clair, ſur lequel ils deſſi-
gnoient avec du noir les principaux linéamens du viſage, & les
autres parties du corps.

Mais pour faire les Carnations
& les Veſtemens ſur le verre blanc,
ils couchoient des couleurs claires
ou brunes ſans demy teintes, ny
fort ny foible , comme la peinture

A iij

le demande. Auſſi ces premieres
ſortes d'Ouvrage, tels que nous en
voyons dans les plus anciennes
Vitres de nos Egliſes, & qui ſont
faits avant le dernier Siecle, ſont
d'une maniére gotique, & n'ont
rien que de barbare, pour ce qui regarde le deſſein.

Cette maniere groſſiere com-
mença de changer, lors qu'en France & en Flandre la Peinture vint
à ſe perfectionner, & l'honneur
des plus belles choſes qui ſe ſont
faites ſur le Verre eſt dû aux François & aux Flamands. Ce fût un
Peintre de Marſeilles qui en don-
na la premiere connoiſſance aux
Italiens, quand il fût travailler à
Rome, ſous le Pontificat de Julle
II. en 1503. depuis luy Albert
Dure, & Lucas de Leyde, furent
des premiers qui augmenterent encore cet Art; & enſuite l'on a fait
une infinité d'ouvrages d'un tra-

vail si exquis, qu'on ne peut rien
desirer davantage, pour la beauté
du dessein & l'appres des couleurs.
Nous voyons en plusieurs endrois
des vitres admirables, principalement celles qui ont esté faites d'a-
prés les desseins des excellens Maî-
tres, comme il y en a encore dans
l'Eglise de Saint Gervais de Paris,
d'aprés Jean Cousin, à la Sainte
Chapelle du Bois de Vincennes,
dont Lucas Peintre Italien a fait
les Cartons à Annet & à Moret
premiere Ville de France, & en
divers autres lieux de ce Royau-
me.

De mesme que l'or est regardé
comme le Chef d'œuvre de la nature ; aussi le Verre a toûjours
esté consideré comme le Chef-
d'œuvre de l'Art, Et ceux qui se
sont appliquez dans ces sortes
d'Ouvrages, n'ont jamais dérogé
à leur Noblesse, comme dans la

plus part dès autres Arts. C'est
pourquoy plusieurs de nos Rois
accorderent aux Peintres, qui en
ce temps-là estoient tout-ensemble
Peintres & Vitriers, les mesmes
Privileges dont jouïssent les personnes Nobles, pour faire voir
l'estime qu'ils avoient pour ceux
qui sur une matiere si excellente,
faisoient encore paroistre par l'ar-
tifice de leur pinceau, des Ouvrages si accomplis.

L'on ne parlera point icy de la
maniere de faire du Verre blanc,
ny du Verre de couleur; c'est un
Art tout particulier, qui ne regarde
point celuy de peindre, dont il est
question presentement.

Avant que de peindre sur le
Verre, l'on dessine, & mesme l'on
colorie tout son sujet sur du papier; ensuite l'on choisit les morceaux de verre propres pour y peindre les Figures par parties, en sorte

que les pieces puiſſent ſe joindre dans les contours des parties du corps & dans les plis des draperies, afin que le plomb qui les doit aſſembler, ne gaſte rien des carnations ny des plus beaux endroits des veſtemens.

Quand toutes les pieces ſont taillées, ſuivant le deſſein & ſelon la grandeur de l'Ouvrage, on les marque par chiffres ou par lettres pour les reconnoiſtre, puis l'on travaille chaque morceau avec des couleurs, ſelon le deſſein que l'on a devant ſoy ; Et quelque fois l'on en fait auſſi qui ne ſont que de blanc & de noir qu'on nomme Griſaille.

Dans les anciennes vitres de couleurs il y en avoit de tres-belles & de couleurs fort vives, dont il ne s'en voit plus à preſent de ſi belles ; Ce n'eſt pas que l'invention en ſoit perduë, mais c'eſt que l'on

ne veut pas en faire la dépenſe, ny
ſe donner tous les ſoin neceſſaires
pour en faire de pareilles ; parce
qu'en effet, ce travail n'eſt plus re-
cherché comme il l'eſtoit autre-
fois.

Ces beaux Verres qui ſe faiſoient
dans les Verreries étoient de deux
ſortes : Car il y en avoit qui étoient
entierement coloriez ; c'eſt à dire
où la couleur étoit répenduë dans
toute la maſſe du verre : Mais il
y en avoit d'autres dont on ſe ſer-
voit d'ordinaire & plus volontiers,
où la couleur n'étoit que ſur un des
coſtez des tables de verre, ne pé-
netrant pas dedans qu'environ l'é-
paiſſeur d'un tiers de ligne plus ou
moins, ſelon la nature des couleurs;
car le jaune entre plus avant que
les autres, quoy que ces derniers
ne fuſſent pas de couleurs ſi nettes
& ſi vives que les premiers, ils
étoient neanmoins d'un uſage plus

commode pour les vitres ; parce
que ſur ces meſmes verres, quoy
que déja coloriez , ils ne laiſ-
ſoient pas d'y faire paroiſtre d'autres couleurs, quand ils vouloient
broder les Draperies , les enrichir
de fleurons, ou repreſenter d'autres ornemens d'or, d'argent, &
de couleurs differentes; pour cela
ils ſe ſervoient d'emery , avec lequel ils cavoient la pieçe de verre
du coſté qu'elle étoit déja chargée
de couleur, juſques à ce qu'ils euſ-
ſent découvert le verre blanc ſelon
l'ouvrage qu'ils vouloient faire.
Aprés quoy ils couchoient du jaune , ou telles autres couleurs qu'ils
vouloient de l'autre coſté du verre;
c'eſt à dire où il eſtoit blanc , & où
ils n'avoient pas gravé avec l'é-
mery : ce qu'ils obſervoient pour
empécher que les couleurs nouvel-
les ne ſe broüillaſſent avec les autres, en mettant les pieces de ver-

re au feu de la maniere qu'il sera
dit cy aprés. Ainsi elles se trou-
voient diversement brodées & fi-
gurées, quand ils vouloient que ces
ornemens paruffent d'argent ou
blancs ; ils se contentoient de dé-
couvrir la couleur du verre avec
l'emery , sans y rien mettre davantage ; & c'est par ce moyen
qu'ils donnoient des rayons & des
éclats de lumieres sur toutes sortes
de couleurs.

Pour ce qui est de la maniere
de peindre sur le verre , le travail
s'en fait avec la pointe du pinceau,
principalement pour les carnations;
& pour les couleurs, on les couche
détrempées avec de l'eau & de la
gomme de la mesme maniere qu'en
mignature, comme il sera dit cy-
aprés.

Quand on peint sur le verre
blanc , & que l'on veut donner
des rehauffes comme pour mar-
quer

quer les poils de la barbe, les cheveux, & quelques autres éclats de
jours, foit fur les draperies, foit
ailleurs, l'on fe fert d'une petite
pointe de bois, ou du bout de la
hampe ou manche du pinceau, ou
encore d'une plume, pour enle-
ver de deffus le verre la couleur
que l'on a mife dans les endroits
où l'on ne veut pas qu'il en paroiffe.

Les matieres neceffaires pour
mettre les vitres en couleur, font
les pailles ou écailles de fer qui
tombent fous les enclumes des Ma-
réchaux lors qu'ils forgent; le fa-
blon blanc, ou les petits cailloux
de rivieres les plus tranfparens; la
mine de plomb; le falpeftre; la
rocaille, qui n'eft autre chofe que
ces petits grains ronds, verts & jau-
nes que vendent les Merciers, &
dont je diray cy-aprés la maniere
de les faire; l'argent, le harderie
ou ferette d'Efpagne, le Perigor

B

ou Maganefe, le Saphre, l'Ocre rouge, le Gip, ou Plaftre tranfparent, comme le Talte, la Litarge d'argent.

L'on broye toutes ces couleurs chacune à part, fur une platine de cuivre un peu creufe, ou dans le fond d'un baffein, avec de l'eau où l'on aura mis diffoudre de la Gomme Arabique.

Pour faire le Noir, il faut prendre des écailles de Fer, & les bien broyer, l'efpace de deux ou trois heures, ou plus, fur la platine de cuivre, avec un tiers de Rocaille; aprés quoy on les met dans quelque vaiffeau pour les garder; Et d'autant qu'il fe rougit au feu, il eft bon d'y mettre un peu de noir de fumée en le broyant, ou plûtoft du cuivre brûlé avec la paille de fer; car le noir de fumée n'a pas de corps.

Pour faire le Blanc, on fe fert

de fablond blanc , ou de petits
cailloux que l'on met rougir dans
un.creufet , puis faut les éteindre
dans l'eau commune pour les calciner & mettre en poudre. Cela
fait , on les pille dans un mortier
de marbre, avec le pillon de mefme ; aprés quoy on les broye encore fur un marbre ; puis prenant
une quatriéme partie de falpeftre
que l'on y mefle , on les fait encore calciner, on les pile & on les
calcine encore une autre fois à feu
vif, comme auparavant. Cela fait
on les tire du creufet , pour les
garder. Quand on en veut ufer, il
faut prendre autant de plaftre ou
gip, qui foit bien & nettement cuit,
autant de rocaille, & broyer le tout
enfemble fur la platine de cuivre.

Pour faire le jaune, il faut prendre de l'argent & le mettre en
petites pieces pour le brûler dans
le creufet, mêlé avec du fouffre

ou falpeftre ; étant tout chaud &
fortant du feu , on le jette dans une
écuelle où il y a de l'eau , & enfuite on le pille dans un mortier
de marbre jufqu'à ce qu'il foit en
état de pouvoir eftre broyé fur le
Porphyre : ce que l'on fait durant
un demy jour , le détrempant
avec l'eau où il aura été éteint.
Aprés qu'il eft broyé, on y mêle
neuf fois autant d'ocre rouge, &
on broye encore le tout enfemble
pendant une heure.

Pour faire le Rouge , on fe fert
du litarge d'argent , décailles de
fer , de Gomme Arabique le poid
d'un écu de chaque forte , de harderie ou ferrette demy écu , rocaille trois écus & demy , fanguine
trois écus ; il faut broyer la rocaille , la paille de fer , la litarge
& le harderie ou ferrette enfemble
une bonne demie-heure fur la platine de cuivre : aprés cela on prend

la fanguine que l'on pille fort déliée
dans un mortier de fer bien net,
& que l'on met à part ; enfuite on
broye la Gomme Arabique dans
le mefme mortier, afin qu'elle tire
ce qui refte de fanguine ; car il faut
que la Gomme foit tellement feiche qu'elle fe mette facillement
en poudre ; La Gomme & la fanguine étant ainfi pillées, on les
mêle & on les verfe fur la platine de cuivre où font déja les autres drogues, & on broye le tout
enfemble le plus promptement que
l'on peut ; car la fanguine fe gafte
en la broyant trop cette fois là : Il
faut auffi prendre garde à tenir le
tout le moins mol que l'on pourra;
mais que cela foit de la mefme forte que les couleurs pour peindre,
n'étant ny fi molles qu'elles cou-
lent, ny fi dures qu'on ne les
puiffent détremper avec le doig;
il vaut pourtant mieux qu'elles

foient un peu dures que trop mol.
Ayant levé cette compofition de
deffus la platine, il faut la mettre
dans un verre pointu en bas ; car
céla importe beaucoup & y verfer
un peu d'eau claire, puis détremper cette matiere avec le bout du
doig, le plus que l'on peut, y ajoûtant encore un peu d'eau, & faire
en forte qu'elle foit de la mefme
confiftance, ou un peu plus claire
qu'un jaune d'œuf delayé : Cela
ainfi détrempé, on le doit couvrir
d'un papier, pour le garentir de la
poudre, & le laiffer repofer trois
jours & trois nuits fans le remuer ;
aprés on verfe doucement le plus
pur de la Couleur qui furnage deffus, dans un autre vaiffeau de verre, prenant garde de ne rien trou-
bler. Cette Couleur étant oftée,
on la laiffe encore repofer deux
jours, aprés lefquels on verfe comme la premiere fois.

Cela fait, on met cette derniere
Couleur sur une piece de Verre, un
peu creuse & posée sur du sable dans
une terrine ordinaire mise sur le feu,
pour la faire seicher lentement, &
la garder; Et quand on veut s'en
servir, on verse sur une piece de Verre une goute d'eau claire, avec laquelle on détrempe autant de Couleur qu'on en a besoin : Cette Couleur sert pour les carnations ; Car
pour celle qui est la plus épaisse &
qui demeure au fond du verte, elle
n'est bonne que pour faire quelques
teintes de bois, ou des draperies.

Le Vert se fait en prenant de
LEB's USTUM, ou Cuivre brûlé
une once, du Sable blanc quatre
onzes, de la Mine de Plomb une
once, l'on broye le tout ensemble
dans un mortier de bronze, & on
le met au feu de charbon vif dans
un creuset couvert, environ une
heure, aprés quoy on le retire; lors.

qu'il eſt refroidy on le broye à ſec
dans le meſme mortier ; Puis y
ajoûtant une quatriéme partie de
ſalpeſtre , on le remet au feu dans
ce meſme creuſet, pendant deux
heures ; on le retire & on le broye,
comme devant ; & y ajoûtant encore une ſixiéme partie de ſalpeſtre,
on le remet au feu pou la troiſiéme
fois , & on l'y laiſſe environ deux
heures & demie ; Aprés cela il faut
tirer la couleur toute chaude hors
du creuſet avec un outil de fer ; car
elle eſt fort gluante & mal-aiſée à
avoir : Il eſt bon de luter les creu-
ſets, parce qu'il s'en trouve peu qui
ayent la force de reſiſter au grand
feu qu'il faut pour ces calcinations.

L'Azure, ou le Bleu , le Pourpre,
& le Violet, ſe font de meſme que
le Vert, en changeant ſeulement la
paille de Cuivre en d'autres matieres ; ſçavoir, pour l'Azure on
prend du Salpeſtre ; pour le Pour-

pre du Perigueux, & pour le Violet du Salpestre & du Perigueux,
autant de l'un que de l'autre ; & du
reste il faut faire comme au Vert.

Pour faire la Rocaille jaune, il
faut prendre trois onces de Mine
de Plomb, & une once de Sable
que l'on calcine, comme dessus,
& pour faire la Rocaille Verte, il
ne faut qu'une once de Mine de
Plomb, & trois onces de Sable.

Les Teintes propres pour les
carnations se font avec du Harderie ou Ferrette, & autant de Rocaille, aprés les avoir pillez ensemble, on les broye sur le bassin.

Pour la Couleur des cheveux,
les troncs des arbres, & autres
choses semblables, on prend du
Herderie & de la paille de Fer, autant de l'un que de l'autre, & de
la Rocaille autant que de tous les
deux, on broye le tout ensemble
comme dessus, cela fait un Rouge
jaunastre.

Lors qu'on veut Peindre, on choisit du Verre de Loraîne qui tire sur le blanc jaune, d'autant qu'il se porte mieux au feu & prend mieux les Couleurs que les autres Verres, quand la pièce qu'on veut faire n'est pas grande, on met le Verre sur le dessein qu'on veut imiter, dont l'on prend le trait avec une plume, ou un pincieau, & de la couleur noire, dont j'ay parlé cy devant, si elle est seiche, il faut la broyer une heure sur le Cuivre avec de l'eau, & y méler un peu de Gomme Arabique seichée comme j'ay dit, la méler promptement, & en mettre gros comme une noisette, s'il y a gros comme une noix de Couleur ; il faut aussi que la Gomme soit fonduë avant que d'employer la Couleur, qui ne doit estre ny trop claire, ny trop épaisse, & quand les traits sont marquez, il faut les faire seicher deux jours.

Enfuitte on donne un lavis, qui
fe fait en prenant fix ou fept grains
de Gomme Arabique bien feichée,
avec laquelle on mêle fix ou fept
gouttes d'urine, & du noir autant
qu'il fera befoin, pour rendre la
Couleur fort claire : Pour bien
faire, il faut que le noir foit dans
un petit baffein de plomb couvert
de ce lavis, afin qu'il ne feiche
pas fi-toft, & comme les traits
auront efté deux jours à feicher,
l'on paffe le lavis égallement par
tout, & fort legerement, pour ne
pas effacer les traits; puis on le laiffe repofer deux autres jours: Ce
lavis fert de premiere ombre, ou
demy-teinte ; Et pour faire la fe-
conte teinte, il faut repaffer encore
une fois la Couleur avec le pinceau aux endroits neceffaires. Pour
donner les jours & les rehauts, on
prend une plume, ou la hampe du
pinceau, comme j'ay déja dit, &

l'on oste du premier lavis selon qu'il est nécessaire : Cecy est pour les Ouvrages de Blanc & Noir, ou Grisaille: Pour les Couleurs, lors que le noir est appliqué, comme dessus, & seiché pendant deux ou trois jours, on les met de la maniere qui suit.

Premierement, pour ce qui est des Emaux, comme l'Azure, le Verd, & le Pourpre, il faut les coucher promptement sur la piece de Verre avec le pinceau, aprés avoir esté détrempés avec de l'eau de Gomme ; Et pour les autres Couleurs, il faut aussi les employer diligemment selon le travail que l'on fait, & prendre garde à ne point effacer les traits, ou bien appliquer les couleurs de l'autre côté du Verre.

Quant au Jaune, c'est la Couleur la plûtost faite au fourneau ; mais en l'employant, il se doit toûjours

mettre

mettre par derriere le Verre fort
uniment , plus ou moins chargé,
selon que l'on le veut , & jamais
auprés du Bleu, parce qu'en se fon-
dant , & recuisant au feu ces deux
Couleurs n'en feroient plus qu'une,
qui seroit verte. C'est pour quoy
il faut, comme je viens de dire,
coucher le jaune du costé où il n'y
a point d'autres Couleurs ; Car il
traverse toute l'épaisseur du verre;
ce que ne font pas les autres, qui
ayant plus de corps ne penettrent
pas si avant , & dont mesme quelques unes demeurent sur la super-
ficie.

Quand l'on veut cuire les Couleurs, & mettre le verre au feu,
aprés estre peint ; Il faut premierement , faire un petit Fourneau
quarré de brique, qui n'ait en tout
sens qu'environ dix-huit pouces ;
c'est à dire pourtant selon la besongne qu'on a preparée dans le bas,

& à six pouces du fond on fait une ouverture pour mettre & entretenir le feu; au dessus de cette ouverture, l'on met deux ou trois barres de fer quaré, qui traversent le fourneau & le separent en deux. On laisse encore au dessus de ces barres, & au droit de la porte d'en bas, une petite ouverture d'environ deux doigts de haut & de large pour faire passer les essais quand on recuit la besongne.

Le Fourneau ainsi dressé, l'on a une poële de terre, de la forme du Fourneau, & de telle grandeur qu'étant posée sur les barres de fer il s'en faille environ trois bons doigs ou plus, qu'elle ne touche aux paroirs du fourneau; C'est pourquoy il faut qu'elle soit quarrée & de bonne terre bien cuite, ayant son fond épais d'environ deux doigts, & haute par ses bords d'environ demy-pied : Aprés cela il

faut avoir de la poudre de Plaſtre
bien ſaſſée & cuite par trois fois
dans un Fourneau à Pottier, ou
Tuillier, ou bien de la chaud vive
bien tamiſée, ou ſaſſée ; quelques
uns prennent des cendres bien cui-
tes, mais elles ne ſont pas ſi bonnes
pour agencer les pieces qu'on veut
cuire.

Ayant mis la poële ſur les barreaux au milieu du Fourneau , il
faut y répandre de la poudre de
plaſtre , ou de la chaux environ un
demy doigt , le plus également
qu'il eſt poſſible , & par deſſus mettre des pieces de vieux verre caſ-
ſé, & puis de la poudre, & enſuite
du vieux verre, & puis de la poudre ; en ſorte qu'il y ait trois lits
de plaſtre ou de chaux, & deux de
vieux verre: ce qu'on appelle *Stra-*
tum ſuper ſtratum : Sur le troiſiéme
lit de plaſtre, on commence à éten-
dre la beſongne ; c'eſt à dire les pie-

ces que l'on a peintes : On les dif-
pofe encore de lits en lits, en forte
qu'il y ait demy doigt de poudre de
plaftre ou de chaux, tres-uniment
étenduë entre chaque piece de verre, continuant à les arranger ainfi,
jufqu'à ce que la Poële foit plaine.
Si l'on a affez de befongne à recuir
pour la remplir, il faut couvrir la
derniere piece de verre avec de la
poudre, & fe fouvénir que la
Poële ait un trou par devant qui
réponde à celuy du Fourneau, qui
doit eftre au deffus de la porte, par
ou l'on met le feu, afin que les
pieces du verre dont on fera les
effais, paffant droit de l'un à l'autre, entrent dans la Poële & y cui-
fent de mefme que tout le refte.

L'Ouvrage ainfi preparée, il faut
mettre quelques barres de Fer, qui
pofent fur les paroirs du Fourneau,
& couvrir la Poële de quelque

grande tuille faite exprés, si l'on en
peut avoir, ou de plusieurs autres ;
on les arrange & on les lutte le plus
justement que faire se peut avec de
la terre grasse, ou terre franche ; en
sorte qu'il n'y ait aucune ouverture,
hormis aux quatre coings du Fourneau, où il en faut laisser une d'environ deux pouces de diamettre.

Le Fourneau ainsi clos, on commence à l'échauffer avec un peu
de charbon allumé à l'entrée de la
porte seulement, & non pas dedans ; Aprés avoir esté ainsi une
heure & demie ou deux heures, il
faut le pousser un peu plus avant,
& le laisser encore une bonne heure ; ensuite de quoy on le fait entrer
sous la Poële petit à petit ; quand
il a esté environ deux heures, il faut
l'augmenter peu à peu jusqu'à ce
que les deux heures étant passées
on le fait plus fort, remplissant peu à
peu le Fourneau de bon charbon de

jeune bois, en forte que la flame forte par les quatre trous des 4. coins
& de celui qui doit être auffi au milieu qu'on apelle cheminée, & doit
eftre le feu tres-afpres l'efpace de
trois ou quatre heures : Pendant ce
temps-là & fur la fin, il faut tirer
quelqu'une des épreuves ou effais
qui font dans la petite ouverture du
Fourneau & de la Poële, pour voir
fi les Couleurs font fonduës, & fi
le jaune eft fait.

Quand on voit que les Couleurs font prefque faites, alors il
faut mettre dans le Fourneau du
bois fort fec & coupé par petits
éclats, afin qu'il y puiffe entrer entierement ; car pour bien faire, la
porte du Fourneau doit eftre fer-
mée pendant toute la cuiffon,
excepté au commencement, &
lors que le feu eft encore à l'entrée. Le feu de bois que l'on allu-
me fur la fin , doit couvrir toute la

Poële dans laquelle eſt l'Ouvrage
juſques à ce qu'on voye que le tout
ſoit cuit : ce qui arrive ordinaire-
ment , aprés que le feu y a eſté de
la maniere que j'ay dit , & par les
temps marquez cy-deſſus , environ dix ou douze heures , ou huit
ou dix , ſi on luy donne le feu
plus aſpre du commencement , ce
qu'on appelle un feu d'atteinte ;
Mais cela n'eſt pas ſi bon , parce
que ſouvent , par ce moyen-là , on
perd tout en brûlant les Couleurs,
& caſſant les pieces.

On peut prendre garde quand
les barreaux de fer deviennent de
couleur de ceriſe & étincelens ;
c'eſt ſigne que la recuite s'avance.
Voilà pour ce qui regarde la Peinture ſur le Verre , & la fin de ſa
perfection.

CREATION DES

Cinq premieres Verreries en Plats de Verre, & des Droits donnez par le Roy Philippe VI.

SCAVOIR.

EN l'année 1330. fût donné pouvoir par le Roy Philippe VI. à Philippe de Cacqueray Ecuyer Sieur de Saint Imine (premier Inventeur des Plats de Verre, appellé Verre de France) comme portant son nom) de faire établir une Verrerie proche Bezu en Normandie, qui fut nommée la Haye, en payant par chacun an à Sa Majesté, la somme de trois livres, ou vingt boiſſeaux d'avoine.

Sous le meſme Regne de Philippe VI. fût donné des meſmes pouvoirs aux nommez Bongars, la Verrerie du Candiot proche Fremery en Normandie. Celle d'Eliu, à Jean de Sevy proche de Rouën. Celle de Varimpré aux predeceſſeurs de Meſſieurs de Saint André & de Saint Limier, à preſent joüiſſaut de ladite Verrerie. Celle du Valdonnois, en la Comte d'Eu aux deſcendans des Bongars, dont joüit preſentement le Sieur d'Aſpremont.

Creation des Verreries par le Roy Jean en 1365.

EN 1365 ſous le Regne du Roy Jean, fût creé la Verrerie des Routieux en la Foreſt de Lion en

Normandie , & donnée à Adrien
le Vaillan ; Escuyer Sieur du Buisson , où est presentement le Sieur
René le Vaillant du Buisson Sieur
de la Fieffe.

La Verrerie du Landelle fût donnée par le mesme Roy, aux des-
cendans des Cacqueray ; où sont
presentement & joüissent les Sieurs
Cacqueray Lorme.

La Verrerie du Hellet , proche
Diépe , fût aussi donnée dans le
mesme temps, par le mesme Roy,
aux Sieurs Touchet natifs d'Anjou,
où est presentement la Dame veuve
Touchet , & Messieurs les Enfans.

Création des Verreries par Louis XIV.

EN 1652. sous le Régne de
LOUIS XIV. dit LE
GRAND, à present Regnant,

fût accordé à Monseigneur le Duc
de Boüillon, la Vetrerie de Con-
che proche Evreux en Normandie,
pour les Sieurs Desloges, Débe-
court, & Bremont, & a la Da-
moiselle de la Haye leur Sœur.

En 1656. la Verrerie de Chere-
bourg en Normandie, fut établie
& donnée, sous la Permission de
LOÜIS LE GRAND, à Fran-
çois de Nehou, qui a esté le premier qui a inventé le Verre blanc,
dont les premiers Verres qu'il fit,
furent portez, par ordre de la feuë
Reyne Anne d'Autriche Mere du
Roy Louis XIV. au Val de Grace
de la Ville de Paris, qu'Elle faisoit bastir dans le mesme temps,
& fut mis aux Formes de l'Eglise
des Vitros, par Michel Basset, &
Pierre Lorget Maistres Vitriers de
ladite feuë Reyne; Et après le dé-
ceds dudit Sieur de Nehou, Monseigneur Colbert eût le Pouvoir de

Sa Majesté, d'y faire faire des Glaces & Verres blancs, dont Messieurs de la Manufacture des Glaces Jouïssent presentement.

En 166/. la Verrerie de Montcomble prés Diépe en Normandie, fût établie par le Sieur de Besu, par Permission du Roy, en payant par chacun an trente livres de rente fonciere, & depuis a fait confirmer au Parlement de Rouën, le Privilege de sa Verrerie.

En 1687. fût donné par Louis le Grand, le Droit d'établir la Verrerie du Long du-Bos en la Forest de Lion, prés Neuf Marché, au Sieur Claude Vaillant, qui en Joüit presentement, en payant par chacun an, à Sa Majesté, trente livres de rente fonciere.

CREATION

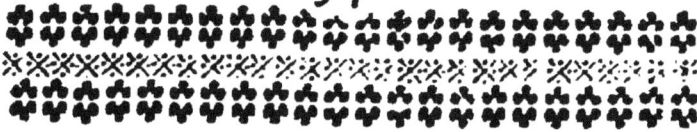

CREATION

DE COMMUNAUTE'

Des Maistres Vitriers,
par le Roy Louis XI.
le 27. Aoust 1467.

*Extrait des Statuts & Ordonnances
des Maistres Vitriers de Paris.*

LOUIS Par la grace
de Dieu Roy de France
et de Navarre: A Tous
ceux qui ces presentes Lettres ver-
ront ; Salut. Avons receu
l'humble Suplication de François
le Blanc , Florend Desmondes,
Jean Martin, Richard aux Baux,

D

Robert Flumin, Jacob Marchand, Guillaume Gontier, Girard Bresle, & Philippe Fratier : Tous Vitriers & Marchands Varriers , faisant & representants la plus grande & saine partie de la Communauté des Vitriers residens & tenans Ouvriers en nostre bonne Ville & Citté de Paris ; Contenant que cy-devant n'a esté rien obmis au fait dudit Métier & Science d'Anciens Statuts & Ordonnances selon lesquels, eux ny leurs predécesseurs ayent sceu s'y conduire ne gouverner , mais ont vécu sans ordre ny Police, usant chacun à son plaisir & volonté & sans Visitation ou Correction quelconque; par quoy plusieurs fautes, abus, fraudes & malices ont esté commises par aucun qui s'en sont mêlez au temps passé, qui encores paroissent & croissent de jour en jour, tant en ce que plusieurs Com-

pagnons Etrangers & autres , qui
oncques , ne furent Apprentifs
dudit Métier & Science , & par
là ne peuvent rien fçàvoir , fe
font ingerez, entremis & entremet-
tent d'iceluy Meftier & Science, &
entreprennent des marchez touchant plufieurs Marchands de Ville
Agens d'Eglife & autres , & d'i-
ceux reçoivent des deniers d'avance qu'ils emportent , fans faire ne
commancer la befogne qu'ils entreprennent , au grand prejudice
dommages & lezion de la chofe
publique dont & aviennent
plufieurs abus , malverfations &
plaintes aufdits Supplians pour ré-
parer lefdites fautes & mettre à
point les Ouvrages , reparer lefdites malverfations; Et jaçoit qu'il
échet grande punition fur les con-
trevenans & mal-faiƨeurs d'aman-
de ou autrement , eftant ledit Art
fans Statuts ny Ordonnances au-

dit Métier : C'eſt pourquoy les
Supplians n'y ont pû juſques à preſent
ſent donner remede, ny corriger
leſdits abus & malverſations. Pour
à quoy parvenir, iceux Supplians
deſirent vivre en bonne renommée,
mée, & augmenter ledit Meſtier,
& Ouvriers d'iceluy, ſe conduire
en bonnes mœurs & louange du
Peuple & au profit du commun
public, pour obvier auſdites fraudes
des & abus. Et afin que doreſnavant
vant les Maiſtres Ouvriers dudit
Meſtier & Science vivent en ordre
dre & Police comme és autres
Meſtiers de noſtredite Ville,
& que chacun d'eux, ou leurs ſucceſſeurs,
ceſſeurs, ſçachent comment ils
ſe doivent gouverner au fait dudit
dit Meſtier, Nous ont humblement
ment fait ſuplier & requerir, qu'il
Nous plaiſe leur octroyer les Articles
ticles qui enſuivent, leſquelles ont
eſté dreſſées & aviſées par les Maî-

tres dudit Meſtier, ou par la plus
grande & ſeine partie d'entr'eux,
pour l'utilité publique & l'entrete-
nement du Meſtier & Science ſuſ-
dit.

PREMIEREMENT, Que
aucun ne puiſſe dorénavant ne re-
loüér Ouvriers ny Boutique dudit
Meſtier & Science, ne d'iceluy travailler en quelque maniere que
ce ſoit, dedans la Ville de Paris,
juſques à ce qu'il ait ſervy quatre
ans & jour en l'hoſtel de l'un des
Jurez, qui pour ce ſeront faits &
Eleus audit Meſtier, où ledit
Varlet gagnera prix raiſonnable,
pour s'il ſera ſuffiſant, ou qu'il
ſoit témoigné tel pour exercer ledit
Meſtier & Science & apparte-
nances d'iceluy ; Et au cas qu'il y
ſera trouvé expert & habille, un
chacun d'iceux, ainſi receus &
avant tous deniers, ſoient tenus de
payer, pour une fois, huit livres

parifis au profit de la Confrairie Saint Marc, qui eſt la Confrairie dudit Meſtier & Science, & auſſi ſuporter les affaires d'iceluy, qui ſeront mis en boeſte fermante, de laquelle chacun deſdits Jurez ayent une clef.

Nota. Enſuite de ce premier article il y en a quatorze autres que l'on n'a point mis icy, attendu qu'ils ont eſté ſuprimez par le dernier Statut & Reglement de 1666. On s'eſt contenté de mettre icy le premier & le dernier article dudit premier Statut & Reglement, qui eſt le commencement & cloſture de l'Edit de Creation, & où eſt la confirmation dudit Edit, par Henry III. Roy de France & de Pologne.

16. Item, Que pour faire les Viſitations deſſus, & à ce que leſdits Statuts & Ordonnances ſoient

entretenus & gardez, foient pris
& éleus tous les Maiftres dudit
Meftier pour eftre Jurez & Gardes
d'iceluy, les deux defquels fe char-
geront par chacun an au jour ou
le lendemain de la Fefte & fo-
lemnité d'icelle Confrairie, & ce
fur les chofes deffus dites, leur
mipartir graces : Pour quoy Nous
ces chofes confiderées, par l'Avis
& Délibération des Commiffaires
par Nous ordonnez en noftre ville
de Paris, que iceux Articles ont
efté veus & vifitez, & déliberez
comme juftes & raifonnables, pour
ce affemblez en la Chambre du
Confeil en noftredite Ville les def-
fufdits. Articles en la forme & maniere qu'ils foient cy-deffus écrits
& incorporez, Avons tous rati-
fiez & approuvez, & par la te-
neur de ces prefentes de noftre
grace fpecialle, louons, ratifions,
approuvons & avons agreable, &

leurs successeurs audit Mestier &
Science, les entretiennent, gar-
dent & observent par Ordonnances & Statuts doresnavant & à
toûjours, & qu'ils soient enre-
gistrez és Livres & Registres de
nostre Chastelet de Paris, evec
les autres Statuts & Ordonnances
des Mestiers de nostredite Ville
de Paris. Si Donnons en Man-
dement par cesdites presentes, au
Prevost de Paris, & à tous Pre-
vosts, autres Justiciers, ou à leurs
Lieutenens, presens & avenir, &
à chacun d'eux si comme à luy ap-
partiendra de nostredit gré, grace,
ratification, approbation & octroy;
Ensemble de tout le contenu en
ces presentes ils fassent, souffrent
& laissent lesdits Supplians & leurs
successeurs audit Mestier & Science, jouir & user plenement &
paisiblement sans souffrir aucun
des Tonobier, ny empescher leur

eſtre fait mal ou donné au contraire; CAR ainſi Nous plaiſt-il eſtre fait : En témoin de ce Nous avons fait mettre noſtre Scel à ceſdites preſentes. DONNE' à Chartres le vingt-quatriéme jour de Juin l'an de grace mil quatre cens ſoixante ſept; & de noſtre Regne le ſixiéme. Scellées du Scel de noſtre Chancellerie à Paris, par noſtre Ordonnance, Ainſi ſigné ſur le reply, par le Roy, L'E-VESQUE D'EVREUX, & le Sire de Locheve Prevoſt de cette ville de Chartres, auſquelles au dos étoit écrit ce qui enſuit.

Leuës, publiées en jugement en l'Auditoire Civile du Chaſtelet de Paris, en la preſence des Avocats & Procureur du Roy noſtre Sire audit Chaſtelet, & a fait enregiſtrer au Livre d'iceluy Chaſtelet le Jeudy vingt-ſeptiéme jour d'Aouſt mil quatre cens ſoixante-sept. Signé, BRUNET & DROUARD·

Et plus bas; Je Charles Mahut
Receveur ordinaire du Domaine
de Paris, Commis par le Roy à
la Recepte des deniers provenans
& restants à payer pour les Confir-
mations & Privileges; Confesse
avoir eu & receu des Maistres
Vitriers de ladite Ville, la somme
de dix écus sol, à quoy ils ont esté
taxez pour ladite Confirmation
de leurs Privilege. Fait à Paris
le sixiéme jour de Novembre mil
cinq cens quatre-vingt-deux.
Signé, MAHUT. *Et plus bas*
Collationné à l'Original par moy
Conseiller & Secretaire du Roy,
Maison & Couronne de France,
& de ses Finances. Signé, Du
VIVIER.

Il ne se fait du Verre de couleur
qu'en tables; & c'est de ces Verres
de couleurs dont on se servoit beaucoup anciennement & qu'on voit

aux vistres des Eglises & anciennes maisons de la ville de Paris, &
aillieurs, où l'on ombroit, comme
il a esté dit cy-devant, les plis des
vestemens avec des couleurs plus
obscures qu'on faisoit recuire, &
l'on n'employoit en ce temps-là
que des Cibles & des Tables de
Verre blanc de Lauraine. Mais
depuis la Création des Verreries
de France, l'on s'est appliqué de
faire des autres façons de Vitres
plus commodes & plus belles que
celles du temps passé, comme aux
panneaux des vitres que l'on fait
aujourd'huy de Verre de France,
soit pour les Eglises, soit pour les
maisons particulieres, on les rend
differentes par les differentes
figures des pieces, dont ils
sont composez, qui donnent
le nom aux Ouvrages; car les unes
s'appellent des pieces quarrées, les
autres des Lozanges; Il y en a
qu'on appellent de la double Bor-

ne, de la Borne en pieces couchées;
de la Borne en pieces quarrées,
Bornes de bout; Bornes couchées
en tranchoirs pointus ; Bornes
doubles & simples; Bornes couchées doubles ; Bornes longues en
tranchoirs pointus; Tranchoirs en
lozanges ; Tranchoirs pointus à
tringlettes doubles ; Tringlettes
en tranchoirs; Moulinets en tranchoirs; Moulinets doubles ; Moulinets à tranchoirs évidez; Croix
de Loraine ; Molette d'espe-
ron; Feuilles de lauriers; Bâ-
tons rompus façon du Dé de la
Reyne ; Croix de Malte, & ainsi
de differentes manieres, selon qu'il
plaist aux Ouvriers d'inventer de
nouveaux compartimens.

Ces sortes d'Ouvrages ont eu cours
depuis que l'on ne peint plus sur le
Verre, comme l'on faisoit. autre-
fois. Quelques uns les aimes mieux
ainsi , à cause que les lieux sont
plus

plus éclairés, quand le verre est tout
blanc, que quand il est chargé de
couleurs : Ce qui en effet est avan-
tageux aux maisons particulieres
où l'on ne peut avoir trop de jour.
Mais à l'égard des Eglises, où la
trop grande lumiere dissipe la veuë
& ou un jour foible & mesme un
peu d'obcurité tient l'esprit plus
retiré & moins distrait : il est cer-
tain que les vitres peintes y con-
viennent parfaitement, & ont
quelque chose de grand & de beau
tout-ensemble, comme nous le
voyons dans nos plus anciens Tem-
ples : Il est vray que si l'Ouvrage
n'est d'un grand dessein & d'un bel
apprest de Couleurs il n'est pas esti-
mable.

La Communauté des Maistres
Vitriers de la Ville de Paris, s'é-
tant agrandie de plus en plus, prin-
cipallement depuis sa Création

E

de 1467. confirmée en 1582. les Jurez de ladite Communauté faisoient faire aux Aspirans un panneau de double Ovalle pour Chef-d'œuvre, & ceux qui estoient Apprentifs dudit Mestier, en épousant une Veuve ou Fille de Maistre faisoient pour experience un panneau en façon de poires. Les premiers Chefs-d'œuvres de bordures qui ont esté faits, furent par Mahau, & Charles de Poix, qui sont presentement à la Chapelle de la Vierge des Quize-vingts. On no payoit en ce temps-là, pour tous droits, que huit livres Parisis, & le droit de la Confrairie de Saint Marc leur Patron.

Quand on faisoit un Chef-d'œuvre, en ce temps-là, on avertissoit tous les Maistres de la part des Jurez, de s'y trouver, pour estre presens au traval de l'Aspirant : ce qui s'est pratiqué jusqu'à present.

Ce fût le nommé Porché Ancien Maiſtre qui a fondé la Meſſe
du mois, & Thomas Tranchant,
auſſi ancien Maiſtre, qui a aporté
les Bulles de Rome.

F I N.

RECVEIL

POVR LES

VERNYS

DE DIVERSES SORTES

Auec les Stampes sur le Verre.

**Le Févre Operateur pour les Dents
demeure au coin de la ruë de Gévre
du costé du Pont au Change,
à la Coquille d'Or.**

LA METHODE POVR PEINDRE
les Portraits de Taille douce en Verny.

PREMIEREMENT, vous prendrez vne Taille-douce de quelque grandeur qu'il vous plaira, ferez faire vn chaſſis, qui ſera juſte à ladite Taille-douce, & la coilerez par les bordages dudit chaiſis, auec de la colle de farine, & la laiſſerez ſeicher, & en-ſuitte y appliquerez voſtre Verny tranſparant lequel ſe fait ſans feu auec vn quarteron de Terrebentine de Veniſe, pour deux ſols d'huile d'Aſpic, pour deux ſols d'Huile de Terrebentine, & de l'eſprit de vie la hauteur d'vn poulce dans vn verre, & mettrez le tout enſemble meſlé dans vn pot de terre ou de faillance, qui ſoit neuf; & auec vn pinceau de la groſſeur du poulce, le plus doux que vous pourrez trouuer, deſlierez le tout en-ſemble, la Terrebentine, l'Huille d'Aſpic, l'Huile de Terrebentine, & l'eſprit de vin; Enſorte que voſtre Verny ne ſoit pas plus épais que du blanc d'œuf, & tremperez voſtre pinceau dedans ledit Verny, lequel ſe fait ſans feu comme j'ay dit cy-deuant, vous en frotterez voſtre Tailledouce par le derriere, & en meſme temps la frotterez par le deſſus, & apres cela vous verrez voſtre Taille-douce auſsi claire que du Cryſtal, & la laiſſerez ſeicher : mais ſur tout vous prendrez garde à ne la pas mettre debout, par ce que le Verny couilleroit; & ſi ledit Verny eſtoit

trop long-temps à feicher, il faudra y mettre
vn peu d'efprit de vin d'auantage.

Pour vous expliquer nettement comme
il faut appliquer les couleurs fur le derriere
de voftre Taille-douce, vous remarquerez
qu'il faut prendre chez les Broyeurs de couleurs, pour deux fols marquez de chaque
forte, le blanc de plomb c'eft pour peindre
en blanc où il fera neceffaire d'en appliquer.

Exemple, pour faire vne couleur de chair
vous prendrez de ce blanc la groffeur d'vne
petite noifette, que mettrez deffus vne pallette
de Noyer, que meflerez auec vn peu de
vermillon, qui fera vne couleur de chair
telle que vous defirerez : Et fi vous voyez
que la couleur de chair foit trop rouge, vous
meflerez vn peu de blanc d'auantage ; & fi
vous la voulez plus rouge, vous y meflerez
encore vn peu de vermillon.

Pour la verdure, prenez du vert de mon-
tagne tout broyé, puis vous l'appliquerez
fur les arbres qui fe rencontreront fur voftre
Taille-douce, & fi vous voulez vn verd plus
beau, vous demanderez du verd de gris.

Mais comme vous fçauez qu'vn arbre n'eft
pas par tout d'vne mefme couleur, & que
aux endroicts où le Soleil donne les arbres
font toûjours plus jaunaître, vous prendrez
vn peu de jaune, que deflierez auec voftre
verd, & par ainfi vous ferez auec ces deux
couleurs plus de cinq ou fix couleurs de verd,

ajouſtant de l'vn & diminuant de l'autre.

Comme auſsi vous ſçauez que le bois de l'arbre n'eſt pas de la meſme couleur de la feüille, il faut le repreſenter au naturel ; & pour luy donner la couleur de bois, il faut prendre de la terre d'ombre, que vous appliquerez aux endroicts qu'il ſera neceſſaire.

Pour faire vn Ciel ou des Nuages d'vn beau bleu, il faut prendre chez le broyeur de la Ceruze bleuë, pour deux ſols marquez & en prendrez auec la pointe d'vn couſteau & gros comme vn pois dudit blanc de plomb cy-deuant nommé, & meſlerez tout enſemble & de cela en ferez vn beau bleu, en diminuant & augmentant l'vne des couleurs, vous en ferez de pluſieurs ſortes d'autant que les nuées ne ſont pas toutes d'vne couleur.

Pour faire vn éloignement, vous prendrez du jaune, auec du blanc de plomb, que meſlerez l'vn auec l'autre, & ainſi de toutes les autres couleurs que vous aurez beſoin, vous en pourrez demander chez led. Broyeur, pour ce qui eſt de l'huile de noix auec les pinçeaux ſe vendent chez les Eſpiciers. Et quand vous voudrez deſlier ſur voſtre pallette toutes vos couleurs vous y mettrez auec la pointe d'vn coûteau de vôtre huile de noix, afin de rendre vos couleurs vn peu plus liquides, & ſurtout prenez garde qu'il les faut touſiours appliquer auec le pinceau bien proprement par le derriere.

Secondement, pour faire le Verny qui
s'applique fur toutes fortes de Taille-douces
par deffus la figure fur d'autres tableaux, fur
bois peints en couleurs, ce qui rendra vn
Tableau ou Tailledouce plus reluifant qu'vn
miroir, & qui refiftera à l'eau, Vous prendrez
vn quarteron de Terrebentine de Venife,
auec vn demy poiffon d'efprit de vin qui fe
vend chez les Efpiciers, & deflierez le tout
enfemble dans vn pot bien net, & le rendez
épais comme du laict; & fi il eftoit trop
épais il faut y mettre vn peu d'efprit de vin,
& s'il eftoit trop clair, vous y mettrez vn
peu de Terrebentine, & puis frotterez auec
vn pinceau deffus voftre Tailledouce par le
cofté de la figure feulement, & elle reluira
autant qu'il fe peut; & fi vous voulez la
faire paroiftre plus luifante, vous pouuez
quand voftre verny fera fec y en appliquer
vn autre par deffus, & la faut laiffer fecher
& vous verrez que tout ce que ie vous dis
eft tres-veritable, vous pouuez en faire pour
mettre chez vous, & pour l'enrichir vous y
pouuez faire faire vne bordure telle que vous
trouuerez à propos.

Troifiémement, pour le Verny d'Or, ie le
faits d'vne autre façon que les autres, ce
qui fait qu'il paroift beaucoup plus beau,
d'autant que toutes les figures paroiffent
tout en or. Il faut frotter la Tailledouce
auec le Verny tranfparant qui eft cy-deuant

nommé le premier, ayant frotté voſtre Taille douce par les deux coſtez, vous la laiſſerez vn peu ſeicher, mais pourtant qu'elle ne le ſoit pas trop, & prendrez de l'or en feüille qui ſe vend chez les Batteurs d'Or, & l'appliquerez de toute ſon eſtenduë par le derriere de la Taille-douce, auec vn peu de cotton que tiendrez en voſtre main, puis vous appuyerez vn peu ſur l'Or afin qu'il tienne, & en mettant dans toute l'eſtenduë de la Tailledouce il fera paroiſtre de l'autre coſté toutes les figures en or, Secret tres-beau. Et affin que l'on ne connoiſſe point voſtre ſecret, vous pourrez attacher vne carte au derriere de la bordure ; & quand toutes vos Tailledouces feront faites & ſeiches, il ſera bon encore d'appliquer ſur le coſté de la figure vn Verny blanc, qui eſt le ſecond cy-deſſus.

Secret pour Leſtampe ſur le verre, autrement dit faire demeurer l'impreſſion de T. illedouce ſur le verre ſans qu'il y demeure du papier.

Prenez vne Tailledouce de telle grandeur que deſirerez, & prendrez vn morceau de verre blanc qui ſoit de la grandeur de voſtre Tailledouce, puis prenez pour vn ſol marqué de Terrebentine de Veniſe, & la mettez vn peu chauffer, ſurtout qu'elle ne boüille pas, enſuitte frottez en ledit verre par vn coſté bien vniment, enſorte qu'il n'y en ayt pas plus en vn endroit qu'à l'autre, & prenez vne ſer-

uiette vn peu fine, que tremperez tout à fait
dans de l'eau nette, & la torderez beaucoup,
apres cela mettez voftredite Tailledouce dans
le milieu d'icelle feruiette qui fera doublée
en deux, & vous la roullerez comme fi c'é-
toit vn Tableau, mais guiere fort, vous la
laifferez vn quart d'heure. affin qu'elle fe
puiffe humecter : mais il faut auparauant que
de frotter le verre auec ladite Terrebentine,
tenir la Tailledouce toute humectée, afin de
l'eftendre de fon long fur le verre,& prendrez
vne autre feruiette fine qui foit feiche que
doublerez en deux, & la mettrez fur voftre
Tailledouce , & auec vos mains il faut vnir
vn peu ladite feruiette, afin qu'icelle Tailledouce foit vnicment étendue fur le verre,
comme fi elle y eftoit collée, & auffi-toft,
il faut tremper le bout du doigt dans de l'eau
fraifche, auec lequel vous frotterez voftredit
papier de Tailledouce fort legerement, afin
d'emporter le papier peu à peu, & pour cét
effect il faut moüiller fouuent le bout du doigt
& quand vous aurez enleué tout le papier,
vous verrez l'impreffion de voftre Tailledouce
auffi belle fur le verre qu'elle eftoit fur le
papier, il faut la laiffer feicher deux ou trois
jours, & quand il fera bien fec, faut prendre
vn pinceau que tremperez dans l'efprit de
vin & en frotter voftre verre du cofté que
la Tailledouce fera imprimée, par ce que
l'efprit de vin à la vertu de manger le refte

du papier qui pourroit estre demeuré, & le
laisser seicher vne demie journée, puis appliquer les couleurs sur le mesme costé que
vous aurez mis vostre Tailledouce, pour ce
qui est de toutes les couleurs, & comme il
les faut preparer ie vous l'ay cy-deuant ex-
pliqué assez au long, c'est pourquoy ie n'en
parleray point pour le present.

Tous ces Secrets sont si beaux & si rares,
que ie vous asseure qu'il n'y a pas plus de
deux ans qu'ils sont en lumiere, & que des
personnes de condition ont donnné iusques
à vingt pistolles pour apprendre ce secret,
encore auoient ils de la peyne à découurir
les personnes qui le possedoient : Mais pour
vous montrer que ie suis vostre Seruiteur,
& que depuis le temps que i'ay l'honneur
de parestre en public, tant en cette Ville que
par toutes les autres Villes de France ie n'ay
jamais passé pour vn ingrat, & ayant décou-
uert vn si beau secret je n'ay voulu manquer,
de vous en faire participans, vous asseurant
que de tout ce que mon liure traitte il n'y
en à pas vn mot qui ne soit veritable, Ceux
qui pourroient trouuer quelque difficulté à
ces secrets n'ont qu'à me venir trouuer je leur
montreray sans prendre aucune chose, n'y
ayant rien de plus facile par ce que l'expli-
cation en est fort nette, & de plus j'en ay
fait l'experience sur plus de cinq cens tableaux
pour faire present à mes amis.